Armin Täubner

Herbstzeit – Erntezeit

Fenster- und Wandbilder aus Tonkarton

frechverlag

Von dem bekannten Autor Armin Täubner sind im frechverlag zahlreiche Titel erschienen. Hier eine Auswahl:

TOPP 2044

TOPP 2040

TOPP 2195

TOPP 2091

TOPP 2092

TOPP 1749

Zeichnungen: Armin Täubner
Fotos: frechverlag GmbH + Co. Druck KG, 70499 Stuttgart; Birgitt Gutermuth

Auflage: 7. 6. 5. 4. 3. Letzte Zahlen
Jahr: 2001 2000 1999 98 97 maßgebend

frechverlag GmbH + Co. Druck KG, 70499 Stuttgart

ISBN 3-7724-2096-6 · Best.-Nr. 2096

Druck: frechverlag GmbH + Co. Druck KG, 70499 Stuttgart

Heute kann man fast das ganze Jahr über alle nur denkbaren Früchte und Gemüsesorten kaufen. Trauben zu Ostern, Spargel oder Erdbeeren zu Weihnachten – da geht das Gefühl für die Jahreszeiten schnell verloren. Das Erntedankfest erinnert noch daran, daß eine reich gedeckte Tafel keineswegs selbstverständlich und die Herbstzeit eine ganz besondere Zeit ist.

Herbstzeit, das heißt Erntezeit. Da werden Äpfel und Birnen gepflückt, Nüsse und Kastanien gesammelt und Vorräte angelegt. Für Mäuse und Schnecken gibt es reifes Obst und Getreide – eine herrliche Zeit zum Knabbern und Naschen! Rüben und Kohlköpfe werden geerntet und mit anderen Gemüsesorten zu prächtigen Erntedankkörben arrangiert. Das Laub färbt sich, die Weinlese beginnt ...

Lassen Sie sich von dieser fröhlichen Atmosphäre anstecken. Nehmen Sie Tonkarton, Schere und Klebstoff, und basteln Sie einfach drauf los! Schon nach kurzer Zeit können Sie die Früchte Ihrer Bastelarbeit ernten und Ihr Fenster oder eine Wand mit lustigen Kürbisgeistern, buntem Herbstlaub oder einem prall gefüllten Erntekorb schmücken.

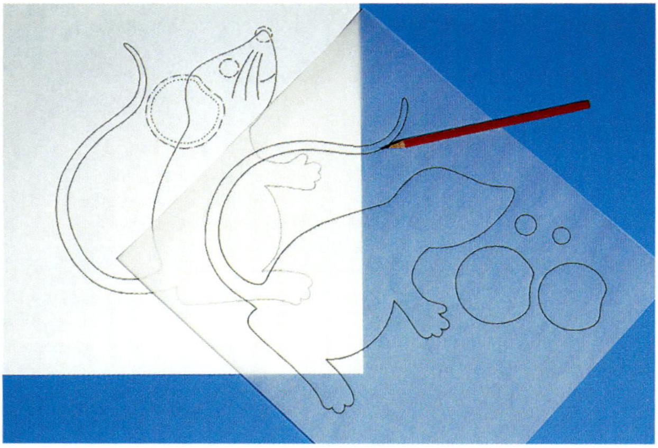

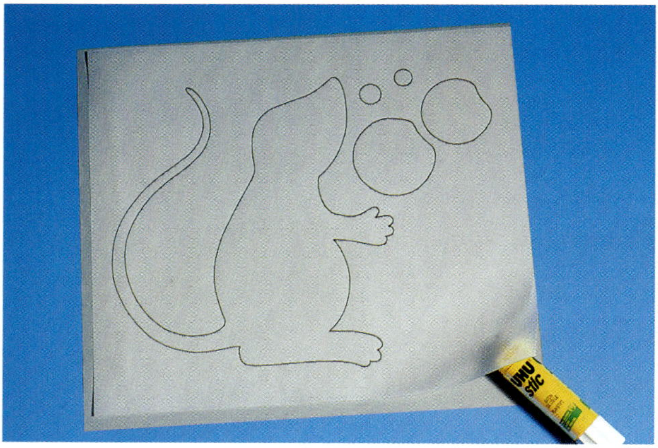

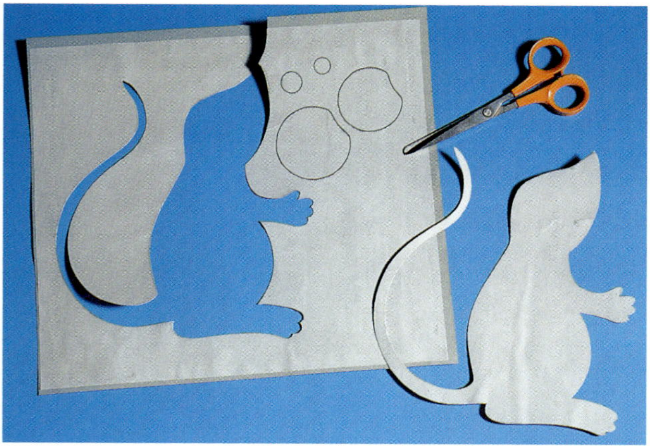

Schritt-für-Schritt-Anleitung

1 Pausen Sie sämtliche Teile des Motivs mit Bleistift nebeneinander und ohne Überschneidungen auf Transparentpapier ab.

2 Anschließend wird das Transparentpapier auf dünnen Karton geklebt.

3 Die Teile werden mit der Schere und/oder dem Cutter exakt ausgeschnitten.

4 Legen Sie diese Schablonen auf Tonkarton in der gewünschten Farbe, und zeichnen Sie dann die Konturen mit Bleistift nach.

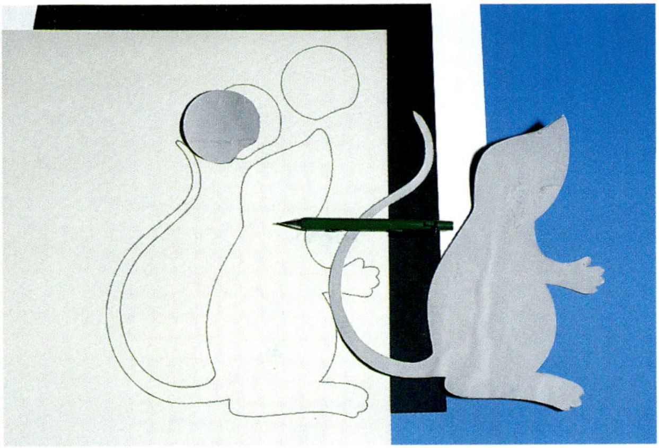

5 Schneiden Sie die Teile in der benötigten Anzahl aus, und kleben Sie diese zusammen – das Foto und die Vorlage geben Positionierungshilfen.
Mit Tuschefüller und Filzstiften können Sie Ihr Fensterbild anschließend bemalen.

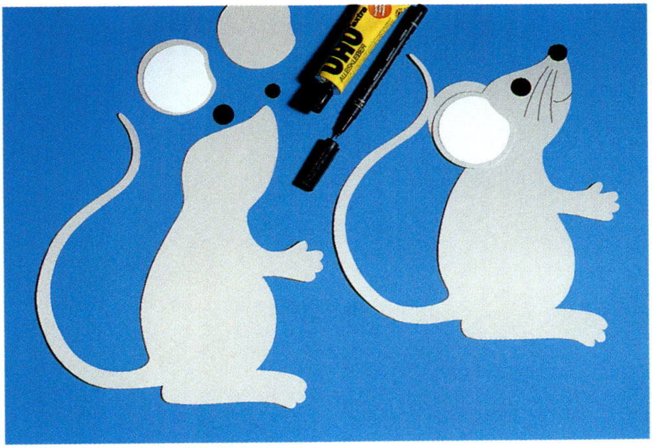

Tip

Wenn Sie die Schablonen seitenverkehrt auf den Tonkarton legen, blicken die Tiere in die andere Richtung. So erhalten Sie weitere Gestaltungsmöglichkeiten.

Das ist unsere Tagesration

Schneiden Sie die Einzelteile aus farblich passendem Tonkarton aus. Fixieren Sie die zweiteiligen Ohren, die Augen und die Nasen auf den Mäusekörpern, und bemalen Sie die Mäuse der Abbildung entsprechend.

Die Ähren werden stets als ein Teil ausgeschnitten. Von hinten kann der Halm befestigt werden. Geben Sie der linken Maus ein Getreidekorn zum Knabbern in die Pfote. Die rechte Maus hält eine Ähre am Halm fest.

Als Fensterdekoration können Sie mehrere Mäuse hintereinander anordnen, dabei hält entweder nur die erste oder aber jede Maus eine Ähre in ihren Pfötchen.

Sieh mal, wir bekommen Besuch

Die fleißigen Mäuse haben bereits einen kleinen Vorrat für den Winter zusammengetragen, der nach einem kleinen Imbiß in die Vorratskammer geschafft werden soll.

Die beiden Mäuse so arbeiten, wie auf Seite 6 beschrieben. Beide halten Getreidekörner in den Pfoten. Bevor Sie die rechte Maus fixieren, eine Ähre samt Halm zwischen beide Mäuse legen. Eine weitere Ähre und ein Getreidekorn vor den Tieren plazieren. Den zweiteiligen Schmetterling zusammenkleben und bemalen.

Verrate uns bitte nicht!

Am Mantel werden die hellen Aufschläge und die Gürtelpasse mit den hellen Knöpfen angebracht, bevor er auf das Holzgerüst gehängt wird. Kleben Sie nun die Strohhaare am Mantel fest, und setzen Sie dann der Vogelscheuche den schwarzen Hut mit dem hellen Hutband auf.

Das Auge der Krähe, die sich auf der Vogelscheuche niedergelassen hat, besteht aus einem weißen Kartonpunkt, dessen Mitte mit einem Tuschefüller schwarz angemalt wird.

Die Möhren an dem grünen Kraut befestigen. Die Kohlblätter in folgender Reihenfolge aufkleben: zunächst das mittlere Blatt (kurz gestrichelte Linie) auf dem Kohlkopf (durchgezogene Linie) fixieren, dann das rechte Blatt (lang gestrichelte Linie) anbringen. Das linke Blatt (Strich-Punkt-Linie) wird von hinten am Kohlkopf befestigt.

Nun erhält jeder Hase ein Auge und zwei Ohren, die vor und hinter dem Hasenkörper befestigt werden. Und dann lassen sich die Hasen die Möhren und den Kohl schmecken.

Leuchtende Rübengeister

Wie bei den Kürbisgeistern (Seite 14/15) werden auch bei diesen fröhlichen Gesellen zuerst die an Hüte erinnernden Deckel angebracht. Die Büschel aus Blattstielen, die darauf befestigt werden, erinnern an Haarbüschel.

Nun kann das Gesicht gestaltet werden, zuerst der Mund, dann die Nase und die Augen. Stets wird mit den etwas größeren, gelben Teilen begonnen, auf denen anschließend die schwarzen Teile fixiert werden.

Zum Schluß können Sie die Kerzen zusammenkleben und jedem Rübengeist eine Kerze in den Mund stellen.

Als ergänzende Fensterdekoration bieten sich weitere brennende Kerzen in verschiedenen Größen und Stärken an.

Schnell weg!

Hier können Sie ein ganzes Möhrenfeld in Ihr Fenster zaubern. Zu den beiden Hasen können sich noch weitere Hasen oder auch die Vogelscheuche (Seite 9) gesellen.

Befestigen Sie die Möhren auf dem grünen Kraut, und versehen Sie die Hasen mit zwei Ohren und einem Auge.

Hallo, wie geht es dir?

Zunächst wird die dreiteilige Birne zusammengeklebt. Die Maus arbeiten, wie auf Seite 6 beschrieben. Das Schneckenhaus auf der Schnecke befestigen, das Auge fixieren und die Schnecke der Abbildung entsprechend bemalen. Nun die Birne ins Gras legen, die Schnecke auf die Birne setzen und die Maus daneben stellen.
Dieses Fensterbild können Sie auch ohne Grünfläche aufhängen. Die Farbpalette für das Mäusefell reicht von Weiß über verschiedene Grau- und Brauntöne bis zu Schwarz.
Bei der Birne und der Schnecke haben Sie ebenfalls viel Spielraum bei der Farbauswahl.

Fröhliche Kürbis-geister

Kleben Sie auf den orangeroten Kürbis den an ein Hütchen erinnernden Deckel. Auch der grüne Stiel darf nicht fehlen.

Anschließend werden von oben nach unten die leicht gewölbten schwarzen Linien mit einem Tuschefüller oder einem schwarzen Filzstift aufgemalt. Zeichnen Sie die Linien am besten mit einem Bleistift leicht vor.

Nun kann das Gesicht aufgeklebt werden. Beginnen Sie mit dem Mund. Es folgen die Nase und dann die Augen. Stets werden zuerst die etwas größeren, gelben Teile angebracht, die schwarzen Teile kommen zum Schluß.

Fertigen Sie so alle Kürbisgeister an, und plazieren Sie sie gemeinsam mit dem Mond und den Sternen dekorativ am Fenster.

Erntedank

Die mehrteiligen Gemüsesorten zusammenkleben, bevor das Gemüse im Korb plaziert wird. Einen Paprika, eine Kartoffel und einen Rettich vor den Korb legen und die Schleife anbringen.

Dieser Korb, gefüllt mit verschiedenen Gemüsesorten, kann auch an Ihrem Fenster hängen oder stehen. Vielleicht findet er ein Plätzchen an der Küchentür oder an der Eßzimmerwand.

TOPP

Bügelprobe zum Ausprobieren

Ausschneiden
Aufbügeln
Ausmalen
Anziehen

Soeben eingekocht

Die Marmeladengläser bestehen jeweils aus vier Teilen. Auf das weiße Glasteil kleben Sie zuerst die rote bzw. violette Füllung, dann den weißen Verschluß und den weißen Aufkleber. Das Gummiband wird mit einem Filzstift aufgemalt.

Am Krug bringen Sie zunächst den Wulst an der Öffnung an, bevor Sie den Korken aufstecken.

Bei den Gläsern deuten aufgeklebte, ovale Flächen die Öffnungen an.

Die Pflaumen mit Stielen versehen und alle Teile der Abbildung entsprechend arrangieren.

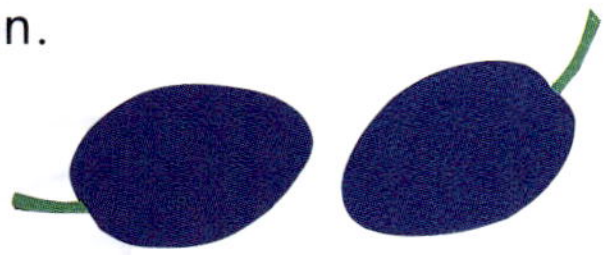

Bald ist Weinlese

Die Zeit der Schmetterlinge ist bald vorbei. Die Herbsttage werden kühler, das Laub färbt sich, und die Weintrauben sind reif für die Lese.

Die Einzelteile aus farblich passendem Tonkarton ausschneiden.

Auf die Weintraubenform werden einzelne Beeren aufgeklebt. Dann werden die Weintrauben mit den bunten Blättern auf dem Weinstock fixiert.

Die zweiteiligen Schmetterlinge zusammenkleben und bemalen.

Abschließend die Grasbüschel anbringen.

Je nach Fenstergröße wird der Weinstock ein- oder zweimal benötigt. Zwei Weinstöcke können spiegelbildlich verbunden werden, damit sie einen Bogen bilden.

Herbststrauß

Zunächst werden die schwarzen und dann die grünen Teile auf die roten Mohnblüten geklebt. Die schwarzen Teile auf den blauen Kornblumenblüten anbringen.

Die Mohn- und Kornblumen sowie die Ähren erhalten lange, leicht gebogene Stengel. Die Stengeldicke wechselt zwischen 3 und 5 mm, die Stengellänge beträgt 25 bis 35 cm.

Zuerst werden die fünf Mohnblumen in fast gleichmäßiger Anordnung von hinten am Steinkrug befestigt. Nun folgen die Kornblumen und schließlich die Ähren. Jetzt können auch die Getreideblätter angebracht werden.

Der Krug steht auf einem weißen Karton, der zuvor mit 1,5 cm breiten, blauen Streifen verziert wurde.

Zusätzlich können Sie noch ein blaues Band um den Henkel schlingen, zwei Brötchen daneben legen und zwei Schmetterlinge anbringen. Die Brötchen und die Schmetterlinge bestehen aus zwei Teilen, die aufeinandergeklebt werden. Die Fühler der Schmetterlinge werden aufgemalt.

21

Guten Appetit!

Das Tischtuch besteht aus einem weißen Karton, auf den in regelmäßigen Abständen blaue, 1,5 cm breite Streifen geklebt werden.

Beim Radieschenbund wird zuerst der Bindfaden angebracht, der den Bund zusammenhält. Anschließend können Sie sechs bis acht Radieschen befestigen.

Die Teile für den Krug, die Becher und das Brot, die Brötchen und die Tomaten jeweils zusammenkleben.
Alles der Abbildung entsprechend auf dem Tischtuch arrangieren.

Fallobst

Was in der Natur kaum möglich ist, ist für Sie ein Kinderspiel. Sie können Nüsse und verschiedene Obstsorten – nach Größe, Form und Farbe geordnet – ins Gras legen. Zuvor die mehrteiligen Früchte zusammenkleben.
Das Grasbüschel läßt sich natürlich auch zu einer Wiese erweitern.

Frisch geerntet und gepreßt

Auf den Weintrauben einzelne, kreisrunde Beeren befestigen. Alle Früchte mit Stielen versehen. Die ovalen Teile als Öffnungen auf dem Krug und den Bechern anbringen. Das Obst, den Krug und die Becher der Abbildung entsprechend anordnen und fixieren.

Dieses Motiv eignet sich gut für einen Bilderrahmen. Wenn Sie bereits einen Rahmen haben, müssen die Motivteile eventuell mit dem Kopiergerät verkleinert oder vergrößert werden. Vielleicht lassen Sie aber auch einfach Teile weg oder ergänzen andere.

Na, wie schmeckt die Birne?

Die mehrteiligen Birnen zusammenkleben. Die Schnecken mit Schneckenhäusern und Augen versehen und dann bemalen. Zum Schluß die beiden Birnen mit den Schnecken ins Gras legen.

Dieses Motiv läßt sich problemlos auf die ganze Breite Ihres Fensters erweitern. Legen Sie mehrere Birnen in unterschiedlicher Anordnung ins Gras. Eine Schnecke kann auch im Gras umherkriechen, denn natürlich knabbert nicht an jeder Birne eine Schnecke.

Ein prall gefüllter Obstkorb

Zunächst den Korb und die mehrteiligen Früchte zusammenkleben.

Das Obst wird von hinten am oberen Korbrand befestigt. Beginnen Sie mit kleinen Obstsorten. Beachten Sie beim Füllen des Korbes nicht nur die Größe, sondern auch die Verteilung der Farben, damit ein harmonisches Ganzes entsteht.

Dann die Schleifen anbringen und einige Früchte vor den Korb legen.

Buntes Herbstlaub

Die unterschiedlichen Blätter in den jeweils gewünschten Farben aus Tonkarton ausschneiden und dekorativ am Fenster anbringen.

Tip

Sammeln Sie bei einem Herbstspaziergang einige besonders schön gefärbte oder geformte Blätter. Diese Blätter legen Sie auf Tonkarton, zeichnen die Umrisse nach und schneiden sie dann aus.

Ich bin größer als du!

Zunächst die beiden Katzen ausschneiden. Die Katzengesichter und die Trennlinien zwischen den Beinen zeichnen Sie leicht mit Bleistift vor und ziehen dann die Linien mit einem Tuschefüller nach.

Die Kürbisse erhalten von hinten angeklebte Stiele und schwarze Linien, die in einem leichten Bogen von oben nach unten verlaufen.

Arrangieren Sie die Kürbisse auf einem breiten, dunklen Kartonstreifen, und stellen Sie die Katzen auf die Kürbisse.

Frische Brötchen und Brezeln

Die beiden Teile des Brotkorbes, der Becher, der Tomaten, Brötchen und Brezeln jeweils zusammenkleben. Die Brezeln bemalen. Dann mit dem Füllen des Brotkorbes beginnen: Die Brötchen und die Brezel werden von hinten am oberen Korbrand fixiert. Die hintersten Backwaren werden zuletzt befestigt.

Sollen noch weitere Brötchen, Brezeln und andere Leckereien angeordnet werden, empfiehlt sich eine Kartonunterlage, beispielsweise ein weißer Karton mit aufgeklebten, 1,5 cm breiten, roten oder blauen Streifen.